Berechnung der Naturkonstanten G,c,h begründet durch eine Theorie und eine Grundlage zum

Urton

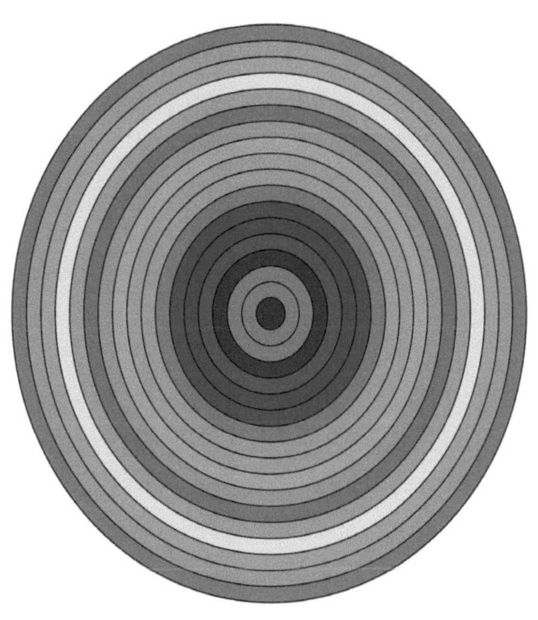

Die zweite Hand Schrödingers

$$c=\sqrt[4]{GF} \qquad c=E/p \qquad c=Gh/c^2A$$

Thomas Hettich

Wenn eine Idee am Anfang nicht absurd klingt,
dann gibt es keine Hoffnung für sie

Albert Einstein

Tu was du kannst
Mit dem was du hast
Wo immer du bist

T. Roosevelt

Ist es möglich, alles miteinander zu verschmelzen, und werden wir dann
entdecken, diese unsere Welt stellt nichts weiter als verschiedene Aspekte
eines einzigen < Dinges > dar.

Richard P. Feynman

Der Urgrund des menschlichen Seins ist die Imagination,
die durch eine proportionelle Intuition, durch Wissen,
Können und Erfahrung zur Realität wird

Thomas Hettich

1. Auflage
© Thomas Hettich (2020)

ISBN 9-783751-99650-1

Produktion: Thomas Hettich
Herstellung und Verlag: BoD – Books on Demand, Norderstedt.
Umschlag: Thomas Hettich

Bibliografische Informationen der Deutschen Nationalbibliothek.
Die Deutsche Nationalbibliothek verzeichnet diese Publikation in der Deutschen
Nationalbibliografie; detaillierte bibliografische Daten sind im Internet über
http://dnb.d-nb.de abrufbar.

Inhalt

Die Herleitung und „Berechnung" der Naturkonstanten G,h,c anhand eines einzigen „Dinges", in einem Vakuumuniversum und die zugehörige Theorie.

*Wenn man sie (die Naturkonstanten) verstehen und im Rahmen einer Theorie exakt berechnen könnte, wäre dies wie der Zieleinlauf bei der Formel I. Mit den **Naturkonstanten** hätte man auch die Naturkräfte vollständig verstanden.*
John D. Barrow[a1]

*Ist es möglich, alles miteinander zu verschmelzen, und werden wir dann entdecken, diese unsere Welt stellt nichts weiter als verschiedene Aspekte eines einzigen < **Dinges** > dar.*
Richard P. Feynman[a2]

Konstantenberechnung

Die Grundgleichung

$$V = Gict$$

wurde durch den Verfasser[b1], ermittelt formuliert und zeigt in der Grundform die Proportionalität von Zeit und Volumen. Für i ergeben sich drei Verhältnisse. Nämlich

$$i = \frac{h}{c^3} \text{ (a); } i = \frac{m_{pl}}{a_{pl}} \text{ (b) und } i = \frac{A_{pl}}{G} \text{ (c)}$$

in denen die Variablen die Planckgrößen darstellen. Stellt man die Formel nach der Gravitationskonstanten um, so ergeben sich für die Grundgleichung 1.) die folgenden sechs Herleitungen für die Berechnung der Gravitationskonstanten und für die Gleichungen 2,3,4 anhand der Planckgrößen. Setzt man für die Gleichungen 2a,3a,4a anhand der Vakuum- Universum- Größen.

$$1.) \quad G = \frac{V}{ict}$$

Setzt man die Verhältnisse 2 a, b, c.) nacheinander in die Formel ein, so zeigt sich

$$2.) \text{ mit } i = \frac{h}{c^3}$$

$$G = \frac{Vc^3}{hct} \quad \rightarrow \quad G = \frac{Vc^2}{ht}$$

Die Variablen V und t sind wie unter der Grundgleichung vielfältig. Zwei Größen führen, neben den beiden Konstanten c^2 und h, zu absolut konstanten Ergebnissen, um die Gravitationskonstante zu berechnen. Dies sind einerseits das Planckvolumen und die Planckzeit. Daraus folgt:

$$G = \frac{Vc^2}{ht} = \frac{\left(\sqrt{\frac{hG}{c^3}}\right)^3 c^2}{h\sqrt{\frac{hG}{c5}}} = (6{,}6497 \times 10^{-104} m^3 \times 8{,}988 \times 10^{16} m^2/s^2) / (6{,}63 \times 10^{-34}$$

$$\mathrm{kgm^2/s} \times 1{,}351 \times$$

$$10^{-43} s) = 6{,}6743 \times 10^{-11} \frac{m^3}{kg\, s^2}$$

$$2a.)\ \text{mit } i = \frac{h}{c^3}$$

$$G = \frac{Vc^2}{h\,Z\,t} = \frac{\left(\frac{h^2}{G\,m_{pr}{}^3}\right)^3 c^2}{h\left(\frac{hc}{G\,m_{pr}{}^2}\right)^3 \frac{h^2}{G\,m_{pr}{}^3 c}} = (2{,}778043 \times 10^{72}\, m^3 \times 8{,}988 \times 10^{16} m^2/s^2) /$$

$$6{,}6260 \times 10^{-34} \frac{kg\, m^2}{s} \times 5{,}6457 \times 10^{132}\, s =$$

$$6{,}6743 \times 10^{-11} \frac{m^3}{kg\, s^2}$$

Die Zeit 10^{132} s ($10^{117} \times 10^{15} s$) erscheint sehr groß und zum Kosmologen-Universum nicht zu korrespondieren und erklärbar zu sein. Wenn man aber die Grundgleichung V=iyct mit der Zeit $t = \frac{c}{a_s}$ ergänzt, so erhalten wir exakt ein Protonenvolumen. Wenn wir dieses Ergebnis ansetzen und mit der Strukturzahl $Z^3 = \left(\frac{hc}{m^2 G}\right)^3 \frac{c}{a_s}$ ergänzen, so besitzt jedes Protonenvolumen im Vakuum- Universum die Zeit t = 10^{15} s, insgesamt $10^{117} \times 10^{15} s$. Sämtliche Protonenvolumen einschließlich der Kleinteilchen $m_{-66} = \frac{m_{pr}^3 G}{hc}$ (s.b1, b2) ergeben in ihrer Summe die Zeit $\approx 10^{132}$ s.o.

$$3.)\ i = \frac{m}{a}$$

$$G = \frac{Va}{mct} \rightarrow G = \frac{Aa}{m_{pr}}$$

Die Variablen A,a und m sind vielfältig. Setzt man jedoch die zugehörigen Planckgrößen für die Variablen ein, ergibt sich die Gravitationskonstante. Daraus folgt:

$$G = \frac{Aa}{m} = \frac{\left(\sqrt{\frac{hG}{c^3}}\right)^2 * \sqrt{\frac{c7}{hG}}}{\sqrt{\frac{hc}{G}}} = (1{,}641\text{x } 10^{-69}\,m^2 \times 2{,}2184\text{x } 10^{51}\,m/s^2) \,/\, 5{,}456\text{x } 10^{-8}$$

$$kg=$$

$$= 6{,}6743 \times 10^{-11}\ \frac{m^3}{kg\,s^2}$$

Die Variablen A,a und m sind vielfältig. Setzt man jedoch die zugehörigen Vakuumuniversumgrößen für die Berechnung ein, ergibt sich die Gravitationskonstante. Daraus folgt:

$$3a.)\ i = \frac{m_{pr}}{a}$$

$$G = \frac{Va}{m_u\,ct} \rightarrow G = \frac{Aa}{m_u} =$$

$$G = \frac{\left(\frac{h^2}{G\,m_{pr}^3}\right)^2 \frac{G\,m_{pr}^3 c^2}{h^2}}{\frac{c^4}{\frac{G^2\,m_{pr}^3 c^2}{h^2}}} =$$

$$(1{,}9761777 \times 10^{48}\,m^2 \times 6{,}393348 \times 10^{-8}\ \tfrac{m}{s^2}) \,/\, (1{,}892991\text{x } 10^{51}\,kg) =$$

$$= 6{,}6743\text{x } 10^{-11}\ \frac{m^3}{kg\,s^2}$$

$$4.)\ i = \frac{A}{G}$$

Die Variable A ist vielfältig. Setzt man jedoch die zugehörigen Planckgrößen $i = \frac{h}{c^3}$ und $A = \frac{hG}{c^3}$ ein, ergibt sich die Gravitationskonstante . Daraus folgt G = G.

$$4a.)\ i = \frac{A}{G}$$

$$G = \frac{VG}{Act} = (2{,}778043\text{x } 10^{72}\,m^3 \times 6{,}6743\text{x } 10^{-11}\ \tfrac{m^3}{kg\,s^2}) \,/\, (1{,}9761777 \times 10^{48}\,m^2 \text{x}$$

$$299\ 792\ 458\ \tfrac{m}{s}\ \text{x}$$

$$4{,}689130 \times 10^{15}\,s\ )\ =\ = 6{,}6743\text{x } 10^{-11}\ \frac{m^3}{kg\,s^2}$$

Die Berechnungen unter den Ziffern 2.) – 4.) führen unter verschiedenen Ansätzen zu den gleichen Ergebnissen, nämlich der Gravitationskonstanten unter Verwendung der Planckgrößen, des Planckvolumen, der Planckfläche, der Planckzeit, der Planckbeschleunigung und der Planckmasse.

Die Berechnungen unter den Ziffern 2a.) – 4a.) führen unter verschiedenen Ansätzen zu den gleichen Ergebnissen, nämlich der Gravitationskonstanten unter Verwendung der Vakuumuniversumgrößen (V_{72}, A_{48}, l_{24}, t_{15}, a_{-8} und Z_{-40}. Z_{-79}, Z_{-118} und den sich ergebenden inversen Werten) .

Es ist zu berücksichtigen, dass der bisher seit rund 15 Jahren bestehend Ansatz V=iGct (insbesondere i und deren Einheit $\frac{kg\,s^2}{m}$) eine Unbekannte im Schrifttum darstellt. Stellt man die Gleichung nach G um und ersetzt man die üblichen Größen V,t durch die Quantenbeziehungen nach de Broglie so ergibt sich:

$$V = Gict \quad \rightarrow \quad G = \frac{V}{ict} \quad \rightarrow \quad \text{mit } \underline{\text{de Broglie}} \quad \rightarrow \quad G = \frac{hc}{m_{pl}^2}$$

Die rechte Gleichung ergibt

$$5.) \quad Z = \frac{hc}{m^2 G}$$

Dies ergibt für die Planckmasse die Zahl Z=1 und für die Protonenmasse die Zahl Z= 10^{39} (10^{-40}). Die Zahl Z ist abhängig von der Masse. Setzt man in die Gleichung 5.) die Planckmasse ein, so kann man die Konstanten G,h,c exakt gegenseitig bestimmen, denn die Gleichung beruht auf der Zahl 1 bzw. der Masse m=m_{pl}. Bestimmt man mit einer Masse m_x eine Zahl Z_x (Gl. 5.) und belässt sie in der Gleichung, so gelingt auch hier die Bestimmung der Konstanten mit der Zahl Z_x und der Masse m_x. Für das Proton ergibt sich $l_1 = \frac{h}{mc}$ und $l_2 = \frac{c^2}{a_s}$. Daraus ergibt sich die Zahl $Z = \frac{l1}{l2}$ = 9,399 * 10^{-40} , als grundlegende Strukturgröße, invers 10^{39}.

Ergänzend sei zu dieser Formel (V= Gict) mitgeteilt, dass sich mit t= 13,8 Milliarden Jahre (Kosmologen- Berechnungszeit), <u>näherungsweise</u> das Protonenvolumen ergibt. Mit der Zeit c/a_s ist das Protonenvolumen dagegen exakt dargestellt. Aufgrund der Verwendung der Gleichung 5.) mit der Grundlage der Planckmasse ist das „Ding" (Feynman), die Planckmasse und die Berechnung (Barrow) die Gleichung 5.) bzw. 6.) als erster Nachweis erfüllt. Wird die Planckmasse zu m_x erweitert , so wird die Zahl Z_x Bestandteil der Gleichung, um die Berechnung der Konstanten ebenfalls zu ermöglichen.

$$6.) \quad Z_x = \frac{hc}{m_x^2 G}$$

Als Erster hat sich Sir Arthur Eddington mit den großen bzw. kleinen dimensionslosen Zahlen beschäftigt und die Anzahl der Teilchen im Universum mit 1,57 x 10^{79} bestimmt. Paul Dirac wurde als Nummerologe diffamiert, als er sich mit der Zahl 10^{40} auseinandersetzte. Seine Thesen zum Größenverhältnis von Universum und Teilchen bzw. die Koinzidenz von Kosmologie und Atomphysik werden bis heute fragwürdig angesehen. Dagegen ist Alexander Unzicker davon überzeugt, dass das Quanten-Gravitationsproblem auch ein Problem der Zahl 10^{40} ist. John D. Barrow verweist in seinem Buch „Das 1x1 des Universum" unter dem Abschnitt Superzahlen, neben Eddington und Dirac, auch auf den Physiker Robert Dicke und seinen Assistenten Carl Brans. Forschungen zur Superzahl und anderen veränderlichen Gravitationskonstanten führten zu keinen belastbaren Ergebnissen durch ihn. Allerdings beschäftigte er sich auch mit der Lebensdauer von Sternen und schrieb folgende Formel an.

$$7.)\ t_{stern} \approx (Gm_{pr}{}^2/hc)^{-1}\ (h/m_{pr}\,c^2) \approx 10^{39} \times 10^{-23}s \approx 0{,}2\ \text{Milliarden Jahre}$$
$$(\text{Original Barrow})$$

Ob nun diese Formel für alle Sterne gilt, bleibt dahingestellt, die Formel allerdings beschreibt eine mögliche Realität auch in einem anderen Sinn.

Was stimmt, ist ein Term der `kleinen` Superzahl verbunden mit einer Wellenlänge die den Schwarzschild-Radius eines schwarzen Loches bestimmt (Gl.8). Diese Verbindung zeigt, dass diese Superzahlen nicht wie vermutet bizarr sind, sondern unser Universum mitbestimmen, denn der von Karl Schwarzschild eingeführte Radius zum schwarzen Loch, gilt bei den Forschungen noch immer als Grundlage zu den schwarzen Löchern. Damit sind die Superzahlen (10^{-40}, 10^{39} etc.) keine Phantastereien mehr, sondern Realität bei entsprechender Anwendung.

$$8.)\ l_{SR} = \frac{m_{pr}{}^2 G}{hc}\ \frac{h}{m_{pr}c} \approx 10^{-40} \times 10^{-15} = \frac{m_{pr}\,G}{c^2} = \text{Schwarzschildradius}$$

Eine weitere Koinzidenz zweier Therme führt zur Plancklänge. Bislang glaubte man, die Planckgrößen seien autark. Der folgende Ansatz und Beweis zeigt, dass sich die Plancklänge aus einer Superzahl herleiten lässt und damit die Superzahl wahrscheinlich bedeutender ist, als die Planckgrößen selbst, denn ohne Proton gäbe es keine Gravitationskonstante.

$$9.)\ l_{pl} = \sqrt{\frac{m_{pr}^2 G}{hc}}\ \frac{h}{m_{pr}\,c} = \sqrt{\frac{hy}{c^3}} = l_{pl}$$

Damit zeigt sich, dass nicht nur die Superzahl von Dicke realistische Ergebnisse zeigen kann, sondern auch die gezeigten zum Schwarzschild-Radius und die der Plancklänge und noch einige weitere (z.B. $10^{117}*10^{15}s=10^{132}s$) Im Anschluss wird gezeigt, dass diese Formeln Nachweise und Beweise sind für die elementaren Konstanten.

So auch $Z = \frac{hc}{m^2 G}$, die Gleichung, welche der Verfasser auch in seinen früheren Büchern schon gezeigt hat, die ausformuliert und mit Bedeutung dieser Zahl auch für den Gegenstand dieses kleinen Aufsatzes bestimmend sind.

Zunächst jedoch eine Bemerkung zu Dicke und seiner Formel, seiner Zeit und zur der Lebensdauer von Sternen. Meine zugehörige gleiche Berechnung beginnt mit $t_{15} = \frac{c}{a_s}$.

Es führt mit a_s zum gleichen Ergebnis wie Dicke, nämlich zu einer Zeit von

$t_{15} = 4{,}689130 \times 10^{15}$ s für die Dick`sche Sternenlebensdauer, also einem lokalen Ereignis im Universum.

Dagegen ist der Ansatz mit $t = \frac{c}{a_s}$ dadurch begründet, dass sich in dieser Zeit bei konstanter Beschleunigung eine linear von der Zeit abhängige konstante Zeit einstellt, die auch die konstante Länge l $_{24} = \frac{h^2}{G\, m_{pr}{}^3}$ (auch $\frac{c^2}{a_s}$) definiert. Ist die eine Zeit lokal (Stern) bestimmt, ist die andere Zeit auf eine Vakuum-Universum- Größe anzuwenden, allerdings auf die Zeit der Länge l$_{24}$ und dem Kleinteilchen m$_{-66}$, welches die Grenze zwischen dem Vakuum und der herkömmlichen Materie, bei gleichmäßiger Verteilung im Vakuumuniversum und dem Werden und Vergehen des Teilchens m$_{-66}$ in der Zeit t$_{15}$ s; sowie die Formel für virtuelle Teilchen nach Heisenberg (m$_{-66} = \frac{h}{c^2\, t_{15}}$), allerdings mit der Zeit 10^{15} s.

Im Folgenden seien die drei Konstanten so dargestellt, dass sie ausschließlich mit den Einheitsgrößen ablesbar sind, also ohne Zahlengröße.

$$G = \frac{m^3}{kg\, s^2} \qquad\qquad h = \frac{kg\, m^2}{s} \qquad\qquad c = \frac{m}{s}$$

Diese drei Konstanten gehören zum Bedeutendsten, was die Natur erschaffen hat und die durch die großen Physiker, Newton, Cavendish, Planck und Einstein entdeckt wurden. Und doch bergen sie noch ein Rätsel.

Jede Einheitsgröße führt zu entsprechenden Teilgrößen und einem entsprechenden Ergebnis. Die Frage ist nur, welche Größe müssen wir verwenden, um die Gravitationsgröße abzubilden. Also verwenden wir zunächst 5000 m³, 200kg oder 1 000 000 000 000 s². Für die Einheitsgrößen der Gravitationskonstanten ist doch zu vermuten, dass wir die Größen unseres bekannten Universums verwenden müssen, erforscht durch die Kosmologen. Diese Größen der Kosmologen dessen Einheit bis auf Kepler zurückgeht, müsste ein Ergebnis ergeben, um die Konstante abzubilden, gerade bei den heutigen technischen Möglichkeiten. Dies ist jedoch nicht der Fall. Das Problem liegt bei der kontinuierlichen Ausdehnung des Universums, entdeckt von Hubble. Wenn wir zurückkommen zu der Zeit von

$$10.) \quad t = \frac{c}{a_s} = \frac{c\,h^2}{G\,m_{pr}^3\,c^2} = 4{,}689130 \times 10^{15}\ s,$$

so ist dies eine Zeit die feststeht, wie wenn eine Uhr still steht und die Zeit angibt, als die Uhr aufgehört hat zu schlagen. Es ist eine konstante Zeit. Es ist eine Zeit vergleichbar mit der Planckzeit die ebenso feststeht. Es ist nicht die Universumzeit der Kosmologen die fortschreitet, um der Hubble-Ausdehnung zu genügen. Ebenso ist die Länge eine Konstante.

$$11.) \quad l_{24} = \frac{h^2}{G\,m_{pr}^3} = 1{,}40576588721285 \times 10^{24}\ m$$

Ebenso die Beschleunigung

$$12.) \quad a_s = \frac{G\,m_{pr}^3\,c^2}{h^2} = 6{,}39335 \times 10^{-8}\ \frac{m}{s^2}$$

und die Kleinteilchenmasse

$$13.) \quad m_{-66} = \frac{m_{pr}^3\,y}{hc} = 1{,}57225261646258 \times 10^{-66}\ kg$$

$$13.1.) \quad m_{-66} = i\,a_s = 1{,}57225261646258 \times 10^{-66}\ kg$$

$$13.2.) \quad m_{-66} = m_{pr}^2 y/hc * m_{pr} = 1{,}57225261646258 \times 10^{-66}\ kg$$

$$13.4.) \quad m_{-66} = h/c^2\, t_{u15} = 1{,}57225261646258 \times 10^{-66}\ kg$$

$$13.5.) \quad m_{-66} = \left(\frac{G\,m_{pr}^2}{hc}\right)^{1,5} \sqrt{\frac{hc}{G}} = 1{,}57225261646258 \times 10^{-66}\ kg$$

$$13.6.) \quad m_{-66} = (h/l_{24}^4 \times V_{24})/c^2 = 1{,}57225261646258 \times 10^{-66}\ kg$$

Der so definierbare exakte Raum, die exakte Zeit und die exakte Masse sind rund zwei Größenordnungen kleiner als das Kosmologen-Universum.

Die Gravitationskonstante berechnet sich anhand der Einheit wie folgt.

$$14.) \quad G = \frac{V}{m\,t^2} = \frac{\dfrac{h^6}{G^3\,m_{pr}^9}}{\dfrac{c^4}{y}\dfrac{h^2}{G\,m_{pr}^3\,c^2}\dfrac{c^2\,h^4}{G^2\,m_{pr}^6\,c^4}} =$$

$$= 2{,}77804323941357 \times 10^{72}\ m^3 / (1{,}89299158147537 \times 10^{51}\ kg \times 2{,}19879426166 \times 10^{31}\ s^2)$$

$$= 6{,}6743 \times 10^{-11} \ \text{m}^3/\text{kg s}^2$$

Mit lokalen dem Proton zuzuordnenden Größen ergibt sich das Wirkungsquantum. Vergl. auch Anhang $mc^2 = hf$

$$15.) \ h = \frac{m\,A}{t} = \frac{m_{pr}\left(\frac{h}{m_{pr}\,c}\right)^2}{\frac{h}{m_{pr}}\,c^2} =$$

$$h = 1{,}672621898 * 10^{-27} \ \text{kg} * (1{,}321409875685 * 10^{-15})^2 \ \text{m}^2 \ / \ 4{,}407748895688 * 10^{-24} \ \text{s} =$$

$$h = 6{,}626070150 * 10^{-34} \ \text{kg m}^2 \ / \ \text{s}$$

Für das Wirkungsquantum ergibt sich ebenfalls danach

$$16.) \ h = \frac{m\,A}{t} = \frac{\dfrac{m_{pr}^3 G}{hc}\,\dfrac{h^4}{G^2\,m_{pr}^6}}{\dfrac{ch^2}{G m_{pr}^3 c^2}} =$$

$$= 1{,}57225261646258 \times 10^{-66} \ \text{kg} \ \times \ 1{,}97617772965133 \times 10^{48} \ \text{m}^2 \ / \ 4{,}68913026228581 \times 10^{15} =$$

$$= 6{,}62607015 \times 10^{-34} \ \frac{kg\,m^2}{s}$$

Für die Gravitationskonstanten ergibt sich ein lokaler und kosmologischer Ansatz

$$17.) \ G = V/m\,t^2 = \frac{\left(\dfrac{h}{m_{pr}\,c}\right)^3}{\dfrac{m_{pr}^3 G}{hc}\left(\dfrac{h}{m_{pr}\,c^2}\right)^2} = 2{,}30734558 * 10^{-45} \ \text{m}^3 \ /$$

$$(1{,}57225261646258 \times 10^{-66} \ \text{kg} \ \times$$

$$2{,}19879426166 \times 10^{31} \ \text{s}^2) = 6{,}6743 \times 10^{-11} \ \text{m}^3/\text{kg s}^2$$

Und für die Lichtgeschwindigkeit ergibt sich folgendes:

$$18.) \ c = \frac{l}{t} = \frac{\dfrac{h^2}{G\,m_{pr}^3}}{\dfrac{ch^2}{G m_{pr}^3 c^2}} = 1{,}40576588721285 \times 10^{24} \ \text{m} \ /$$

$$4{,}6891302622858 \times 10^{15} \ \text{s} =$$

$$299\ 792\ 458\ \tfrac{m}{s}$$

Die gezeigten Zahlengrößen sind exakt und definieren einen Raum, der rund 2 Größenordnungen kleiner ist, als das empirische Kosmologen-Universum. Die Kleinstmasse m_{-66} in

einem Protonenwürfel ($\approx 10^{-45} m^3$) definiert das Vakuumvolumen bei einer gleichmäßigen Verteilung der Vakuumenergie von $1{,}701 * 10^{68}$ Joule in einem zugehörigen Volumen von $2{,}77 * 10^{72}\ m^3$.

Bei der Sichtung der Arbeit ist davon auszugehen, dass das Vakuumuniversum (Volumen$_{72}$) und die zugehörigen Größen aus dem Proton abgeleitet wurden.

Andere Größen aus dem Kosmologenuniversum (Volumen$_{78}$) würden zu anderen Zahlgrößen der Konstanten führen. Die Berechnung der Konstanten (Barrow) kann nur und mit diesem gezeigten Vakuumvolumen u.a. $\approx$ (V= $10^{72} m^3$; $10^{48} m^2$; $10^{24}\ m$; $10^{51} kg$ und $10^{15} s$; s.o. Gl. 12,13,14) zu einem nachvollziehbaren Ergebnis führen.

Das Proton ist das stabilste und häufigste Teilchen im Universum. Damit ist wie gezeigt das zugehörige Kleinteilchen m_{-66} , dass das Proton bildet,

das von Feynman postulierte „Ding" $\left(\dfrac{G\,m_{pr}^{2}}{hc}\right)^{1{,}5}\sqrt{\dfrac{hc}{G}} = m_{-66}$, auf das sich die

ganze Materie innerhalb des Vakuum- Universum gründet und die Konstantenberechnung aufzeigt. Man kann auch anschreiben $\dfrac{G\,m_{pr}^{2}}{hc}\,m_{pr} = m_{-6}$ (s.a. Gleich 13). Die Superzahlen in Verbindung mit der Planckmasse oder Protonenmasse bilden das Kleinteilchen. Wenn ich von Ding im Zusammenhang von m_{-66} spreche, dann muss man davon ausgehen, dass sich 10^{-50} Joule gleichmäßig verteilt in einem Protonenwürfel befinden und zwar gleichmäßig verteilt im Vakuum- Universum.

Ding (m= 10^{-66}kg) Feynman

Lösen wir uns kurzfristig von den Vorstellungen der ganzgroßen Physiker und der Berechnung der Naturkonstanten und wenden wir uns trotzdem nochmal Barrow zu, der in seiner unten genannten Schrift mitteilt, dass eine Erklärung für 10^{-40} eine Lösung für die Quantengravitation bedeuten würde. Die Lösung mit den oben genannten Größen ist recht einfach. Die gültige Struktur für 10^{39} ergibt sich mit l_{24} / $m_{prwellenlänge}$ und für 10^{-40} ergibt sich $m_{prwellenlänge}$ / l_{24} . Dies ist eine der Erklärung, neben anderen möglichen z.B. mit der Zahldimension in L,A,V des Vakuumuniversum. Es ist zu berücksichtigen, dass die Größen des Vakuumuniversum Konstanten sind. Die nachfolgenden Größen werden der Einfachheit halber als Exponenten dargestellt, wobei jeder Wert auch exakt darstellbar ist.

Wenn wir uns nochmal kurz dem Vakuum zuwenden, so liefert eine vereinfachte Casimir-Gleichung folgenden Ausdruck und Wert für die Energiedichte.

$$\rho_{Cas} \frac{hc}{1{,}405 \times 10^{24}\ {}^\wedge 4} = 5{,}0866 \times 10^{-122} \text{ Joule/m}^3$$

Diese Größe taucht mehrfach im Schrifttum auf, allerdings ohne eine ausreichende Erklärung.

Wenn man diese Größe mit dem konstanten Volumen V_{72} (Vakuumuniversum) multipliziert, so erhält man über die Casimir-Gleichung eine Energie von 10^{-50} Joule in diesem einem Volumen von 10^{72}m^3.

Wer den Gedanken mitverfolgt, dass sich ein einziges Quant mit einer Energie von 10^{-50} Joule in einem Volumen von 10^{72} m³ befindet, der stellt doch die logische Frage, wieviel Volumen$_{72}$ benötigt man, um die Gesamtenergie des Universum von 10^{68} Joule zu generieren.

Hier stoßen wir wieder auf eine legendäre Zahl, eine Superzahl.

Sie lautet SZ= $(10^{39})^3$ und ist u.a. ableitbar aus SZ $= \frac{10^{68}J}{10^{(-50)J}} = 10^{\,117}$.

Also 10^{117} Quanten (10^{-50} Joule) bilden die Gesamtenergie des Vakuumuniversum ab.

Ebenso bildet das Volumen von $10^{117 \times} 10^{72} = 10^{189}$ m³ die Gesamtvakuumenergie des Vakuumuniversums ab.

Es stellt sich nun die Frage, wie einfach oder schwer kann man den rechnerisch belegten trotzdem notwendigen Imaginationsraum von 10^{189} m³ erfassen, in dem die Universum-Energie enthalten ist, im Vergleich zur Urknall- Vorstellung, in der die gesamte Energie des Universums, von allen Planeten, Sternen und Galaxien in einem " Punkt " (10^{-105} m³ S.Hawking – Planck oder 10^{-279} m³) sich konzentrierten und wo von dort aus angeblich alles begann. Welche der beiden Möglichkeiten ist einfacher vorstellbar und lässt mehr Platz für die offenen Fragen, wie die dunkle Materie (Vakuumenergie t_{15}), oder was ist am Universum-Rand. Ist dort ein Nichts? Oder ein weiteres Vakuumuniversum mit vielleicht gänzlich anderen Konstanten die uns von ihm abgrenzen.

Zum Schluss dieses Kapitel möchte ich noch einmal John. D. Barrow zitieren und damit den Stand der Forschung zu den Großen Zahlen. Zu den Superzahlen. Er schreibt sinngemäß, dass er wie folgt dass Kosmologen-Universum definiert. Also eine fortschreitende Zeit, ein sich ausdehnender Universumrand und eine konstante Masse bzw. Energie.

$$\text{Alter} \approx 10^{60} \times \text{Planckzeit}$$
$$\text{Ausdehnung} \approx 10^{60} \times \text{Plancklänge}$$

$$\text{Masse} \quad \approx \quad 10^{60} \text{ x Planckmasse}$$

Aus den ersten beiden Gleichungen geht hervor, dass sich das Kosmologen- Universum zu jeder Sekunde mit 299 792 458 m ausdehnt. Die Planckzeit ist absolut konstant.

Wenn nun das Universum altert, dann ändert sich auch die Zahl 10^{60}, auch wenn es noch so unbedeutend sein mag für die Zahl_{60}. Dies trifft auch bei der Ausdehnung des Universum zu. Die Masse muss allerdings nach E=mc² und dem Energieerhaltungssatz ein vollkommen konstantes Ergebnis liefern. Hier wäre die Zahl 10^{60} konstant und nicht nur ungefähr, wie nach der Rechnung von J.D. Barrow.

Die beiden Zahlen_{60} für das Alter und die Ausdehnung, jedoch nur dann, wenn er die

Beobachtung der Kosmologen (Hubble) unberücksichtigt lässt. Betrachten wir deshalb das Kosmologenuniversum, so wäre dieses Ergebnis sinnfällig.

Allerdings würde dies nur zu einer konstanten Zahl 10^{60}, nämlich der Masse führen, wenn die Kosmologenbeobachtung, des fortschreitenden Alters und der zunehmenden Ausdehnung, mit einfliest und damit ungenau.

Wenn man allerdings anschreibt

$$\text{Alter} \quad = \quad \left(\frac{hc}{G\,m_{pr}^2}\right)^{1,5} \times \sqrt{\frac{h\,G}{c^5}}$$

$$\text{Ausdehnung} \quad = \quad \left(\frac{hc}{G\,m_{pr}^2}\right)^{1,5} \times \sqrt{\frac{h\,G}{c^3}}$$

$$\text{Masse} \quad = \quad \left(\frac{hc}{G\,m_{pr}^2}\right)^{1,5} \times \sqrt{\frac{h\,c}{G}}$$

so sind das Alter t_{15}, die Ausdehnung l_{24} und die Masse m_{51} wie zuvor gezeigt vollkommen konstant und führen zum Vakuum- Universum, welches einzig die Berechnung von G,h und c zulässt.

Die Länge l_{24} mit der maßstäblichen Protonen-Wellenlänge, strukturiert das daraus entstehende räumliche Vakuumuniversum als Feld, aus dem sich das Ding (Grenze Vakuum-Materie) für die gesamte Masse ableiten lässt. Die Berechnungen zu den Konstanten wurden gezeigt. Das Ding als Grenze wischen Vakuum und Materie mit m_{-66} wurde bestimmt. Damit ist die Vorstellung von Barrow der Berechnung der Konstanten einerseits und Feynman`s Ding andererseits erfüllt.

Gehen wir noch einmal zurück zur Casimir-Energiedichte von 10^{-122} Joule/m³.

Wie gezeigt ergibt sich daraus ein Kleinteilchen mit 10^{-50} Joule (10^{-66}kg) in einem Volumen von 10^{72}m³. Das zugehörige Volumen, um das Vakuumuniversum abzubilden beträgt 10^{189}m3.

Wenn man nun nicht von einem Quant (Kleinteilchen) mit 10^{-50} Joule ausgeht, sondern von der Gesamtenergie von 10^{68} Joule die sich im Vakuumuniversum befindet und bestimmen mit 10^{72}m³ die Energiedichte von 10^{-4} Joule/m³, so ist eindeutig, dass zwischen der Casimir –energiedichte und der Dichte des Vakuumuniversum ein erheblicher Unterschied besteht.

Teilen wir die 10^{-4} Joule/m³ durch 10^{117} (Anzahl der Kleinteilchen im Vakuumuniversum),

so erhalten wir das Casimir-ergebnis mit 10^{-122} Joule/m³, welches auf 2 quadratischen Platten mit der Kantenlänge von 10^{24}m gründet. Das Ursprungsvolumen des Vakuumuniversum beträgt Z 10^{39} x 10^{24}m = 10^{63}m x 10^{63}m x 10^{63}m = 10^{189} m³. Dies ist die Größe die man einer Urknallgröße gegenüberstellen muss. ($10^{39}*10^{24}$m = 10^{63}m = „Kammlänge")

Die Massendichte des Vakuum- Teil- Universum beträgt durchschnittlich 10^{-21}kg/m³.

Die Wellenlänge des Vakuumuniversum (10^{51}kg) beträgt 10^{-93}m, oder 10^{-79} x 10^{-15}m; oder   in einer anderen Struktur 10^{-40} x 10^{-15} x 10^{-54}m (Maßstab). Man achte Sie auf die Zahlen und die zugehörigen Längen.

Daraus ergibt sich ein Volum bezogen auf das Wellenlängenvolumen von 10^{-279}m³ und einer Dichte von $10^{51}/10^{279}=10^{330}$kg/m³. Findet man die Bezugszahl von $(10^{24}$m$/10^{93})^3$ = $(10^{117})^3$ = 10^{351}, so ergibt sich eine Dichte von 10^{330}kg/m³ / 10^{351} = 10^{-21}kg/m³ die der Dichte des Vakuumuniversum entspricht. Diese Dichte ergänzt mit dem Protonenvolumen von 10^{-45}m³ ergibt das Kleinteilchen von 10^{-66}kg (10^{-50} Joule).

Die Ableitung für die Vakuumdichte 10^{-21}kg/m³ aus dem Schwarzschildradius des Proton ergibt sich wie folgt. $(10^{-54}$m$)^3$ = 10^{-162}m³. Die Masse mit 10^{51}kg und das zugehörige Volumen ergeben eine Dichte von 10^{213}kg/m³. Mit der Zahl $((10^{39})^2)^3$ = 10^{234} $(10^{117})^2$ ergibt sich dann 10^{212}kg/m³ / 10^{234} = 10^{-21}kg/m³ und mit dem Protonenvolumen von 10^{-45}m³ ergibt sich das Kleinteilchen von 10^{-66}kg (10^{-50} Joule).

Für die Planckgrößen ergeben sich zwei Ansätze.

Aus der Plancklänge ergibt sich das Planckvolumen mit 10^{-105}m³ mit der Universummasse eine Dichte von 10^{156}kg/m³. Die zugehörige Zahl bestimmt sich mit $((10^{39})^{1,5})^3 = 10^{177}$. Daraus ergibt sich wiederum die Dichte von 10^{156}kg/m³$/ 10^{177} = 10^{-21}$kg/m³ und mit dem Protonenvolumen von 10^{-45}m³ ergibt sich das Kleinteilchen von 10^{-66}kg (10^{-50} Joule).

Mit den Planckgrößen ergibt sich eine Dichte von 10^{96}kg/m³. Die zugehörige Zahl ist $(10^{39})^3 = 10^{117}$ die notwendige Größe um die Universummasse (10^{51}kg) auf das Kleinteilchen 10^{-66} kg zurückzuführen.

Es zeigt sich, dass das Feynman Ding aus einem sehr großen Volumen mit einer Dichte von 10^{51}kg $/ 10^{189}$ m³ $= 10^{-138}$ kg/m³ und einem Kleinstraum mit einer Dichte von 10^{330}kg/m³ bzw. 10^{96}kg/m³ ableitbar ist. Es ist unmöglich, dass die gezeigte Große und das gezeigte Kleine nur ein Ausschnitt sind von einem zugehörigen Super-Vakuum-Universum ist.

Zirkelschluss- Ableitung Konstanten??

$E=mc^2$
$E=hf$

$mc^2=hf$
$h=mc^2/f$
$\quad f= mc^2/h$
$h= mc^2\, h / mc^2$
$h=h$

Die Theorie zur Berechnung der Konstanten G,h,c

Die Grundbausteine der heutigen Physik bilden kleine schwingende Saiten die sich in der Größenordnung der Plancklänge zeigen und in der String und M-Theorie mathematisch abgebildet werden.

Diese Theorien gehören neben der allgemeinen Relativitätstheorie zum komplexesten was die Menschheit hervorgebracht hat.

Die Frage ist nur, ob nur die Komplexität zu einer Antwort hinsichtlich einer möglichen „Weltformel?" führen kann, oder nur die Einfachheit als Ergänzung. Die kleine vorliegende Schrift, fußt neben den anderen Schriften des Verfassers, in erster Linie auf den „einfachen" Grundsätzen der Physik, wobei die dargelegten Zahlen z.B. 10^{-40} zwar eine mögliche mathematische Grundlage besitzen, im Kern jedoch die Wesenheiten des Universum nur physikalisch wiederspiegeln.

$$(m_{pr}/m_{pl})=10^{-20}$$

$$10^{-20},10^{-40}, 10^{-60}, 10^{-80}, 10^{-100}, 10^{-120}$$

$$10^{19}, 10^{39}, 10^{58}, 10^{78}, 10^{98}, 10^{117}$$

Die beiden oben genannten komplexen Theorien nehmen Anleihen aus der Musik. Diese Schrift bezieht sich auf die Musikzahl (1/2 1   2/1 etc.).

Thomas Hettich

Wenn wir unser wahres Ziel (unmittelbares, durchdringendes und vollständiges Wissen) nicht für immer aufgeben wollen, dann (müssen sich) wohl einige von uns an die Zusammenschau von Tatsachen und Theorien wagen, auch wenn ihr Wissen aus zweiter Hand stammt und unvollständig ist – und sie Gefahr laufen sich lächerlich zu machen.

Erwin Schrödinger

Schrödinger`s zweite Hand!

$$c = \sqrt[4]{GF} \qquad c=E/p \qquad c=Gh/c^2A$$

mit Planckeinheiten

Eine Ruhe, eine Unbeweglichkeit des Universum zur Berechnung der Konstanten erscheint aufgrund der Beobachtung zunächst als ungewöhnlich ergibt sich jedoch durch eine Auflösung der Materie (Vakuum- Masse- Teilchen) und des gesamten „unbewegten" Vakuum. Daraus folgt, dass ein weitestgehend kleinstes Teilchen, ein Vakuumteilchen, mit seiner Masse und deren Energie das Universum bestimmt, begrenzt durch die Universumgröße (l_{24}).

Aus dem zweiten Newtonischen Axiom

1.) $F = m_1 a$

und dem Newton`ischen Gravitationsgesetz

2.) $F = G\, m_1 m_2 / r^2$

ergibt sich abgeleitet wie bekannt die Gravitationsbeschleunigung.

3.) $a = G m_2 / r^2$

Auf der rechten Seite der Gleichung ergeben sich 2 Unbekannte, vorwiegend für das Große. Um auch die Größen des Kleinen abbilden zu können und nur noch eine Variable zu erhalten wird der Welle- Teilchen Dualismus $l = h/m\,c$ in die Gleichung eingefügt, so dass die Gleichung zu Ergebnissen des Kleinen und Großen nur über die Masse und Beschleunigung führt.

4.) $a_s = G m^3 c^2 / h^2$

Ebenso wie bei der Gravitationsbeschleunigung wird bei der Normalbeschleunigung die Broglie Beziehung eingeführt (l und t).

5.) $a_t = l/t^2 = m c^3 / h$

Und wir erhalten eine Gleichung die ebenso das Große und Kleine abbildet, wie geschehen unter Nr.4)

Es ist offensichtlich, das danach dass Universum, als Großes und mit seinen Kleinteilen seiner Universum- Teilmasse von 10^{51}kg (Wikipedia 10^{53} kg) eine feststehende Größe $\Sigma + 10^{51} = 10^{52}$kg (s.Tablle1) bildet.

Die beiden Beschleunigungen unter 4.) und 5.) (Gravitation und Normal) setzen wir gleich und erhalten aus der Protonenmasse die Zahl,

6-) $Z = m_{pl}^2 G / hc = 1$

Für die Masse des Proton erhalten wir

7.) $Z = m_{pr}^2 G / hc = -10^{-40}$

Jede Masse ist danach über eine Zahl ableitbar.

Für das Verhältnis von Protonenmasse und Planckmasse ergibt sich die einfache Strukturzahl

8.) $Z = m_{pr}/m_{pl} = 10^{-20}$ bzw. $1/Z = m_{pl}/m_{pr} = 10^{19}$

die im Universum eine elementare Bedeutung besitzen muss (Tabelle1).

Setzen wir die Planckmasse und die Protonenmasse in Beziehung zu den beiden grundlegenden Zahlen so erhalten wir eine Größe für das Vakuummasseteilchen, welches mehrfach hergeleitet werden kann. Eine Möglichkeit erhalten wir mit:

9.) $c = m_{pr} \times Z_{-40}$ (10^{-40})

Die Protonenmasse multipliziert mit der Zahl 10^{-40}.

10.) $1{,}5722 \times 10^{-66}\,kg = m_{-66} = m_{pl} \times Z_{-40} \times Z_{-20}$

Die Planckmasse multipliziert mit der Zahl 10^{-60}.

Eine andere Variation der Masse $10^{-66}\,kg$ gilt als Massenkleinstqaunt

11.) $1{,}5722 \times 10^{-66}\,kg \times m_{-66} = i a_{pr}$

$i = h/c^3 = m_{pl}/a_{pl} = A_{pl}/y$

Die Planckeinheit $i = h/c^3$ definiert zusammen mit der Beschleunigung a_s das Kleinteilchen mit der Masse m_{-66}.

12.) aus $V = iGct$

Die Planckeinheit $i = h/c^3$ ergibt zusammen mit der Universumzeit $t = 10^{15}$ s (Gl.12) das Protonen- Wellenlängenvolumen bzw. das Kleinteilchenvolumen

13.) 10^{-61} m³/s $= V/t = hG/c^2$

Als Planckeinheit ergibt sich der Volumenstrom

14.) $1{,}5722 \times 10^{-66}\,kg = m_{-66} = m_{pr}{}^3 G/hc$

Aus der Planckmasse $\sqrt{\dfrac{hc}{G}}$ ergibt sich die Planckzahl $1 = m_{pl}{}^2 G/hc$ und das Kleinteilchen   15.) $1{,}5722 \times 10^{-66}\,kg = m_{pr}{}^3 G/hc$

16.) $1{,}5722 \times 10^{-66}\,kg = m_{-66} = c^2 l_{-93}/G$

Auf der Grundlage der beiden Konstanten c und y zusammen mit der Wellenlänge des Universum ergibt sich das Kleinteilchen. Die Masse m_{-66} wurde damit aus verschiedenen Ansätzen abgeleitet. Zusammen mit dem Casimiransatz zeigt sich, dass das Kleinteilchen das kleinste Teilchen im Universum $(d = 10^{24}\,m)$ ist.

17.) Vereinfacht $m_{-66} = ((\underline{hc}/l^4) \times V)/c^2$

Original $p_c = \dfrac{F_c}{A} = \dfrac{\hbar c \pi^2}{240 \cdot d^4} = \dfrac{hc\pi}{480 \cdot d^4}$

Die Masse m_{-66} bzw. Energie E_{-50} ist damit ein Vakuumteilchen welches auch abhängig ist von der Länge also hier vom berechneten Universum Durchmesser.

Zu Nr.13 ergibt sich nach $V/t = hG/c^2$ eine Größe von $10^{-61}m^3/s$. Um diese Planckgröße anschaulich zu machen setzen wir $10^{-61}m^3/s = 10^{-45}m^3/10^{15}s$.

Die Proportionalität zwischen Volumen und Zeit aus der Gleichung 13 ist damit gezeigt.

Die Zeit t, das Universumalter, proportional zum Protonen- Wellenlängen- Volumen erscheint merkwürdig, da sich daraus ein partielles Universumalter bezogen auf ein Protonen- Wellenlängen- Volumen ergibt.

Wenn man die gefundene Planckeinheit des Volumenstromes für das Große bestimmt, so würde sich $10^{-61}m^3/s = 10^{72}m^3/10^{132}s$ ergeben. Die Zahl $10^{132}s$ zeigt das Produkt $10^{117} \times 10^{15}s$. Die Zahl 10^{117} wird definiert.

$(10^{24}m/10^{-15}m)^3$. Die Zeit $10^{15}s$ ergibt das Universumalter . Aus der Tabelle 1 Zeile G ist die Größe ablesbar. Zusammen mit der Länge $10^{141}m$, ergibt sich einerseits ein Universum mit $10^{423}m^3$, andererseits wäre aber auch wie bei der Zeit denkbar $10^{117} \times 10^{24}m$. In den Kleinteilchenvolumen $(10^{-45}m^3)$ wäre jeweils zur Struktur die l_{24} eingebunden.

Aus Gleichung 16.) ist das Große und Kleine abbildbar $m_{-66} = c^2 l_{-93}/G$ bzw. $m_{51} = c^2 l_{24}/G$. Die kleinstmögliche Massengröße m_{-66} wird über die Wellenlänge der Universum- Masse hergeleitet und bestimmt das Kleinteilchen des Universum.

Zum Rand des Universum ergibt sich ein Durchmesser von $10^{24}m$. Was befindet sich am Rand, oder außerhalb des Universum? Aus der Gleichung 17.) ist ablesbar, dass sich „ein" Teilchen mit der Masse von 10^{-66} kg in dem Volumen von $10^{72}m^3$ befindet bzw. es generiert sich dadurch das Vakuum. Daraus folgt, dass eine definierte Anzahl von Volumenteilchen zur Universumteilmasse 10^{51}kg führt (Tabelle 1 Zahl 10^{351}).

Es folgt: $10^{117} \times 10^{72}m^3 = 10^{189}m^3$ als Ursprungsvolumen für das bestehende Universum aus dem Kleinteilchen.

als Ausgangsvolumen zur Generierung der Kleinteilchen

Und $10^{117} \times 10^{-66}kg = 10^{51}kg$

als Universum „Teil" – masse (Gesamtmasse $19*10^{51}$kg, Vakuumschichten)

Die Zahl 10^{39} generiert sich wie zuvor gezeigt aus 10^{24}m/10^{-15}m

Die Zahl 10^{117} ergibt sich aus $(10^{39})^3$ also dem Universumdurchmesser in Beziehung zur Protonen- Wellenlänge bzw. der Volumenlänge des Kleinteilchen (s.Tabelle 2). ergibt eine grundlegende Struktur des Universum.

Die vorhandene empirische Vakuumdichte ergibt sich aus 10^6 Teilchen pro m³ (Wikipedia). Dies ergibt rund 10^{-27}kg/m³ x 10^6Teilchen = 10^{-21}kg/m³. Also ein Kubikmeter empirisches Vakuum wiegt 10^{-21}kg/m³. Die Universum<u>teil</u>massendichte wird mit 10^{-21}kg/m³=10^{51}kg/10^{72}m³ bestimmt. Die Gesamtuniversummasse aus der Summe der Universumteilmasse hat die Größe von 10^{-20}kg/m³=10^{52}kg/10^{72}m³, bestimmt das Gesamtuniversum, also Σ 19×10^{51}. Die empirischen Massen (Wikipedia) für das Universum liegen zwischen 10^{52}kg und 10^{53}kg. Dabei ist unter der Verwendung der Hubble-Beschleunigung von $7,21 \times 10^{-10}$m/s² (neueste Messungen 2,1 x 10-9 m/s²) eine sehr gute Näherung mit m_u=c4/ya$_{klt}$ zur empirischen Erhebung gegeben. Allerdings wird nicht dieser Weg gewählt, sondern über $m_{ugesamt}$=Σm_{uTeil} (Tabelle 1) und der vorhandenen Struktur Z=m_{pr}/m_{pl} bzw. 1/Z=m_{pr}/m_{pl}.

Eine der großen Herausforderungen in der Physik ist eine Erklärung für die Zahl 10^{120} . Die Casimir Gleichung lautet vereinfacht p_c=hc/l^4 (s. Gl.17.). Es gibt im Naturgeschehen und deren Erklärung zahlreiche Gleichungen und Formeln die gewisse Grenzen bergen. Man kann also nicht darüber oder darunter hinausgehen, da die Ergebnisse nicht erklärbar sind (T=SL; St.Hawking). Die Casimir Gleichung wurde entwickelt um die Kraft zwischen zwei Glasplatten im Vakuum zu erklären. Dabei ist der empirische Abstand der beiden Glasplatten der Atomdurchmesserbereich um der Formel Gültigkeit zuzuweisen. Verwendet man anstatt den Atomdurchmesser mit d~10^{-10}m nun den Universumdurchmesser mit 10^{24}m so ergibt sich die Energiedichte von

18.) p_c=hc/$(10^{24}$m$)^4$=10^{-122}Joule/m³

Eine sehr kleine Energiedichtengröße. Vergleicht man die entstehende Energiedichte mit der Plancklänge so ergibt sich:

19.) p_c=hc/$(10^{-35}$m$)^4$=10^{114}Joule/m³ (s. Tabelle 1 10^{-122}/10^{114}=10^{-235})

Eine sehr hohe Energiedichte:

20.) p_c=10^{-4}Joule/m³=10^{68}Joule/10^{72}m³

Die empirische Energiedichte des Universum beträgt danach:

Die drei Gleichungen besitzen allein anhand der Größen grundlegendste Aussagen zum bestehenden Universum. Mit der Gleichung 21 ist eine durchschnittliche Energiedichte des heutigen bestehenden Universum gegeben. Die Energiedichte spiegelt in erster Linie die vorhandenen Protonen gegenüber dem Volumen ab ($10^{78} \times 10^{-27}$kg$=10^{51}$kg).

Stephen Hawking definiert eine Singularität ab der Plancklänge. Was vor dem Urknall war, ist bei ihm noch ungewiss, hinsichtlich Denjenigen die den Urknall als Anfang setzen. Was vor der Plancklänge als Raum und Zeit gilt ist ebenso ungewiss. Sämtliche Galaxien, Sterne und Planeten etc. sind damit beim Urknall in der Plancklänge, dem Planckvolumen komprimiert. Also fast Null. Eine Imagination dieser Voraussetzung fällt schwer und wäre nur als mathematischer Nachweis denkbar.

Mit Gleichung 15 ist eine „Alternative" zum bestehenden Kontext gegeben. Die Gleichung $p_c = hc/(10^{24}m)^4 = 10^{-122}$Joule/m³ wird ergänzt mit dem Universumvolumen 10^{72}m³. Wir erhalten $10,^{-50}$Joule als Einzelgröße . Damit ergibt sich, dass sich in diesem Volumen 10^{72}m³ eine Energie von 10^{-50}Joule bzw. ein Materieteilchen von 10^{-66}kg befindet. Dies entspricht der Energiedichte von $p_c = hc/(10^{24}m)^4 = 10^{-122}$Joule/m³. Stellt man die beiden Ergebnisse von 10^{-35}m und 10^{24}m (10^{60}) zum Urknall gegenüber, so ergibt sich eindeutig eine sehr hohe Dichte die es im Urknall gegeben haben muss und andererseits eine sehr dünne Dichte. Die Imagination des Urknall mit allen Randbedingungen ist nur den Spezialisten der Physik möglich, denn wie sollen Milliarden von Galaxien in einem Punkt konzentriert werden. Dies scheint nur mit der mathematischen Theorie der Physik denkbar. Wenn allerdings der Gedanke, dass außerhalb unseres Universumvolumen ein fast unendlicher Raum (10^{189}m³), ein fast unendliches kleinstmassebaftetes Vakuum existiert, so ist es möglich, dass über die Casimirgleichung $p_c = hc/l^4$ Energie bzw. Klein-Vakuumteilchen über diesen fast unendlichen Raum generiert werden. Es ist offensichtlich, dass je länger diese Vakuumblase l (z.B/ca. 10^{259}m) wird, die Energie kleiner wird, aber nicht zu Null geht. Dies ist aber in Verbindung zu sehen mit dem fast unendlichen Raum, bzw. Vakuum, der (das) „Unendliche" zur Verfügung steht, um Massen zu generieren.

Setzt man die beiden Energiedichtengleichungen ins Verhältnis

21.) $Z = (10^{-4}$Joule/m³$)/(10^{-122}$Joule/m³$) = 10^{117}$

22.) $Z = (10^{114}$Joule/m³$)/(10^{-4}$Joule/m³$) = 10^{117}$

So erhalten wir die beiden Zahlen 10^{117} die 10^{234} ergeben.

Als Vakuum- Problem wird der Umstand bezeichnet, dass der theoretisch vorhergesagte Wert der Vakuumenergie des Universums um den Faktor

10^{117} größer ist als der tatsächlich beobachtete Wert. Aus dem Vorgenannten ist dieses Problem ablesbar.

Wie zuvor gezeigt ist das Einzelvolumen abhängig von der Zeit V=iyct. Für i können wir h/c^3; m/a und A/y setzen.

Setzen wir i=m/a so erhalten wir

23.) V=mGct/a

Für $V=v^6/a^3$ und t=v/a

24.) $v=(maG)^{1/4}$ $v=(GF)^{1/4}$

In der angehängten Tabelle 3 werden verschiedene Teilchenmasse verglichen um festzustellen welche Zeiten mit der beobachteten Zeit übereinstimmen und welche Zeit mit dem Universum übereinstimmen könnte damit die Berechnung der Konstanten y,h,c sichergestellt werden kann.

Damit stellt man, die kleinste und längste Zeit, fest (s.Tabelle 2 mit $v=(may)^{1/4}$), und zwar einerseits aus dem „Universum" andererseits am Rot-Grün Bild (1mx1m).

Teilchen	t aus Normal-Beschleunigung	t aus Hubble-Beschleunigung
Photon rot	$1,5 \times 10^{-29}$s	$2,979 \times 10^{-5}$s
Photon grün	$1,604 \times 10^{-29}$s	$2,881 \times 10^{-5}$s
Kleinteilchen	$2,517 \times 10^{-14}$s	$7,274 \times 10^{-13}$s
Proton	$7,72 \times 10^{-34}$s	$4,154 \times 10^{-3}$s
Planckmasse	$1,351 \times 10^{-43}$s	$3,139 \times 10^{2}$s
Higgs	$6,68 \times 10^{-35}$s	$1,41 \times 10^{-2}$s
Neutrino	$5,83 \times 10{-10}^{-29}$s	$1,511 \times 10^{-5}$s
Elektron	$3,307 \times 10^{-32}$s	$6,346 \times 10^{-4}$s
Quarkmassen	$7,84 \times 10^{-33}$s	$1,3 \times 10^{-3}$s

Keine Bewegung des Universum würde 0 Sekunden bedeuten. Doch aus der Normalbeschleunigung gehen die obigen Werte hervor. Die kürzeste Zeit liegt bei der Planckmasse mit 10^{-43}s gefolgt vom Higgs- Teilchen mit 10^{-35}s. Diese zwei könnten nur näherungsweise als Null angesehen werden.

Die Bewegungen am Rot-Grün Bild, sind bei mit einer Bewegungszeit von rund 10^{-2} bis 10^{-3} s zu sehen (Hubble-a). Die Zeit des Elektron mit 10^{-4}s scheidet aus da das Auge nicht so bewegungs bzw. zeitempfindlich ist.

Die Geschwindigkeitsformel in Abhängigkeit mit der Masse, der Gravitationskonstanten und der Beschleunigung $v=(may)^{1/4}$, v=E/p, $v=Gh/c^2A$ zeigt durch Einführung in die Literatur, dass die ermittelten und beobachteten Zeiten beim Higgs- Teilchen die Beobachtung beim Rot-Grün Bild

aber auch im Universum mit den Zeiten näherungsweise wie dem Rot-
Grün Bild am nächsten entspricht

Ergänzungen zu

Tabelle 1
Tabelle 2
Tabelle 3

Zu Tabelle 1

Die Tabelle 1 basiert auf der Zahl 10^{-20} (10^{19}) wobei die Planckmasse und
die Protonen- Masses ins Verhältnis gesetzt werden. Dadurch ergibt sich
ein Strukturierung des Vakumm welches sich von $1 - 10^{350}$ als Zahl ergibt.
Jeder Strukturgröße wird als eine Massengröße mit $1,893 \times 10^{51}$ kg ermittelt . Mit neunzehn Einzelgrößen ergibt sich eine Gesamtuniversummasse
von $3,596 \times 10^{52}$kg. Die Längen und Zeiten werden mittels der de.Broglie
Beziehung hergeleitet, welche auf den Teilmassen und der zugehörigen
Zahl basieren.

Sämtliche Einzelgrößen (z.B $10^{19} * 10^{31}$kg $= 10^{51}$kg, s. Tabelle 1) bilden
unser bekanntes Universum mit den zugehörigen aufegezeigten Einzelbe-
standteilen.

Die Auflösung erfolgt aufgrund der Zeile A. Die Energiedichte nach Casimir
erfolgt nach

$Pc = hc/259^4 = 10^{-1062} \times 259^3 / 10^{16} = 10^{-301}$kg.

Dies entspricht dem Tabellenwert deren Struktur im heutigen Universum
notwendig ist, um die Einzelmasse von 10^{-301} kg im All gleichmäßig zu
verteilen. Danach ergibt sich $10^{351}/3 = 10^{117}$; 10^{24}m$/10^{117} = 10^{-93}$m

Diese Länge entspricht der Länge mit der höchsten Dichte (Zeile 7),
gleichzeitig bildet diese Länge die höchste Undurchlässigkeit des Vaku-
ums.

Tabelle 1

	I	II		IV	V	VI
	Z	1/Z	2.) l=h/mc	t1 = h/mc²	m	Teilmasse Universum
A	10E-351	10E+350	1,00E+259	1,00E+252	1,00E-301	1,893E+51 (V)
B	10E-332	10E+331	1,00E+239	1,00E+232	1,00E-281	1,893E+51 (V)
C	10E-313	10E+312	1,00E+219	1,00E+212	1,00E-261	1,893E+51 (V)
D	1,00E-294	1,00E+294	1,00E+201	1,00E+192	1,00E-241	1,893E+51 (V)
E	6,50E-274	10+273	1,00E+181	1,00E+172	1,00E-223	1,893E+51 (V)
F	2,10E-254	1,00E+253	1,00E+161	1,52E+02	1,00E-203	1,893E+51 (V)
G	6,90E-235	1,45E+234	1,69E+141	5,65E+132	1,30E-183	1,893E+51 (V)
H	2,20E-215	4,45E+214	5,19E+121	1,73E+113	4,30E-164	1,893E+51 (V)
I	7,30E-196	1,36E+195	1,59E+102	5,31E+93	1,40E-144	1,893E+51 (V)
J	2,40E-176	4,18E+175	4,88E+82	1,63E+74	4,50E-125	1,893E+51 (V)
K	7,80E-157	1,28E+156	1,50E+63	4,99E+54	1,48E-105	1,893E+51 (V)
L	2,55E-137	3,93E+136	4,59E+43	1,53E+35	4,82E-86	1,893E+51 (Vakuumteilchen V)
1	**8,30E-118**	**1,20E+117**	**1,41E+24**	**4,69E+15**	**1,57E-66**	**Kleinteil s.Casimir etc. 1,893E+51**
2	2,71E-98	3,69E+97	4,31E+04	1,44E-04	5,13E-47	1,89E+51
3	8,84E-79	1,13E+78	1,32E-15	4,41E-24	1,67E-27	Protonen 1,893E+51
4	2,88E-59	3,47E+58	4,05E-35	1,35E-43	5,46E-08	1,893E+51 Planck Skala
5	9,40E-40	1,06E+39	1,24E-54	4,14E-63	1,78E+12	1,89E+51
6	3,10E-20	3,26E+19	3,81E-74	1,27E-82	5,80E+31	Sterne 1,893E+51
7	1,00E+00	1,00E+00	1,17E-93	3,89E-102	1,89E+51	Teiluniverum 1,893E+51
Σ						**Gesamtuniversum 3,5969E+52**

Zu Tabelle 2

Max Planck hat einmal sinngemäß geäußert, dass die Planckeinheiten bis ans Ende des Universum gelten sollen. Die Geschwindigkeiten bzw. Zeiten zu den einzelnen Teilchen zeigen die Grundgeschwindigkeiten auf bzw. die Bewegungszeit. Sonderbar ist die Geschwindigkeit c (Lichtgeschwindigkeit) bei der Planckmasse. Für die Gleichung 1.) $v = (m_{pl} * G * a_{pl})^{1/4}$ mit den Planckeinheiten $m_{pl} = \sqrt{\frac{hc}{G}}$ und $a_{pl} = \sqrt{\frac{c^7}{hG}}$ ergibt sich die Lichtgeschwindigkeit c Dies zeigt dass die eingeführte, Formel eine Planckeinheit darstellt und damit die Lichtgeschwindigkeit damit wiederspiegelt. Entsprechendes gilt für die Ableitung aus der Formel 2.) $V = iGct \rightarrow V/t = iGc \rightarrow$ 2.) $c = l/t = hG/c^2A$. Mit der Planckfläche ergibt sich ebenso die Lichtgeschwindigkeit wie zuvor. Aus den beiden Lichtgeschwindigkeiten ist nicht wie gefordert eine Ruhe abzuleiten, jedoch ist ja das Licht unabhängig von der Emitierung des Lichtes aus einem gesendetem Körper (Teilchen), deshalb ist nur die Ruhe des Teilchens für die Bewegungszeit verantwortlich. Nehmen wir an, der Körper zur Lichtgeschwindigkeit 1.) hat die Geschwindigkeit 10^{-14} m/s und die Lichtgeschwindigkeit zu 2.) ist parallel zu 1.) ausgerichtet, so sind beide Lichtgeschwindigkeiten identisch. Die eine hat die Geschwindigkeit c 2.) die andere c = c- v 1.), wenn die Lichtgeschwindigkeit an den Körper -gebunden- wäre. Dies bedeutet aber, dass die Lichtgeschwindigkeit „autark" ist und die beiden gezeigten Lichtgeschwindigkeiten 1.) + 2.) ebenso und damit gleich sind. Wenn ein Objekt in Ruhe Licht aussendet, so ist es die Lichtgeschwindigkeit, wenn sich das Objekt (Teilchen) mit der Geschwindigkeit v bewegt, ob nahe bei der Lichtgeschwindigkeit oder fern, so ist auch dann die ausgesendete Geschwindigkeit die Lichtgeschwindigkeit. Die Geschwindigkeit des Teilchen bleibt allerdings v. Die beiden Lichtgeschwindigkeiten 1.) und 2.) zeigen auf, einschließlich der zugrunde liegenden Formeln, dass die in der Tabelle 2 aufgeführten Teilchengeschwindigkeiten stimmen müssen. Eine weitere Lichtgeschwindigkeit ergibt sich mit $c = E/p$ ($10^{-50}/10^{-66}+10^8$).

Tabelle 2						$v_x = (m_x \, y \, a_{x1\text{-}6})^{\wedge}0{,}25$
Photon rot	as	at	Ast	hubble 1	hubble 2	hubble 3
m_x	4,42350E-36	4,42350E-36	4,42350E-36	4,423E-36	4,42350E-36	4,42350E-36 Kg
a_x	1,18E-33	1,79875E+23	2,13E-10	7,21E-10	2,16E-09	2,35E-09 m/s²
Y	6,67E-11	6,67E-11	6,67E-11	6,67E-11	6,67E-11	6,67E-11 m³/kg*s²
v_x	2,43077E-20	2,69949E-06	1,58302E-14	2,147E-14	2,82465E-14	2,88500E-14 m/s
t_x	2,05554E+13	1,50076E-29	7,44212E-05	2,979E-05	1,30997E-05	1,22948E-05 S
Photon grün	as	at	Ast	hubble 1	hubble 2	hubble 3
$m_{x\ grün}$	3,87056E-36	3,87056E-36	3,87056E-36	3,870E-36	3,87056E-36	3,87056E-36 Kg
m_x	7,92E-34	1,57391E+23	1,25E-10	7,21E-10	2,16E-09	2,35E-09 m/s²
Y	6,67E-11	6,67E-11	6,67E-11	6,67E-11	6,67E-11	6,67E-11 m³/kg*s²
v_x	2,12692E-20	2,52515E-06	1,33967E-14	2,077E-14	2,73191E-14	2,79028E-14 m/s
t_x	2,68478E+13	1,60438E-29	1,07442E-04	2,881E-05	1,26696E-05	1,18911E-05 S
Kleinteilchen	as	at	Ast	hubble 1	hubble 2	hubble 3
m_x	1,5722E-66	1,5722E-66	1,57E-66	1,5722E-66	1,5722E-66	1,5722E-66 Kg
a_x	5,31E-125	6,39E-08	1,84E-66	7,21E-10	2,16E-09	2,35E-09 m/s²
Y	6,67E-11	6,67E-11	6,67E-11	6,67E-11	6,67E-11	6,67E-11 m³/kg s²
v_x	8,63945E-51	1,60936E-21	3,72881E-36	5,244E-22	6,89685E-22	7,04419E-22 m/s

Tx	1,62720E+74	2,51732E-14	2,02391E+30	7,274E-13	3,19851E-13	3,00197E-13	S
Proton	as	at	ast	hubble 1	hubble 2	hubble 3	
m_x	1,6726E-27	1,6726E-27	1,672E-27	1,672E-27	1,672E-27	1,6726E-27	Kg
a_x	6,3931E-08	6,8014E+31	1,44E+06	7,21E-10	2,16E-09	2,35E-09	m/s²
Y	6,67E-11	6,67E-11	6,67E-11	6,67E-11	6,67E-11	6,67E-11	m³/kg s²
v_x	9,19E-12	5,25E-02	2,00E-08	3,00E-12	3,93888E-12	4,02303E-12	m/s
Tx	1,44E-04	7,72E-34	1,39E-14	4,1542E-03	1,82671E-03	1,71447E-03	S
Planckmasse	as	at	ast	hubble 1	hubble 2	hubble 3	
m_x	5,4556E-08	5,4556E-08	5,4556E-08	5,4556E-08	5,4556E-08	5,4556E-08	Kg
a_x	2,21845E+51	2,21845E+51	2,21845E+51	7,21E-10	2,16E-09	2,35E-09	m/s²
Y	6,67E-11	6,67E-11	6,67E-11	6,67E-11	6,67E-11	6,67E-11	m³/kg s²
v_x	2,9979E+08	2,9979E+08	2,9979E+08	2,2636E-07	2,97669E-07	3,04029E-07	m/s
Tx	1,3514E-43	1,3514E-43	1,3514E-43	3,1395E+02	1,38048E+02	1,29566E+02	S
Higgs	as	at	ast	hubble 1	hubble 2	hubble 3	
m_x	2,23E-25	2,23E-25	2,23E-25	2,23E-25	2,23E-25	2,23E-25	Kg
a_x	1,52E-01	9,07E+33	3,71E+16	7,21E-10	2,16E-09	2,35E-09	m/s²
Y	6,67E-11	6,67E-11	6,67E-11	6,67E-11	6,67E-11	6,67E-11	m³/kg s²
v_x	1,23E-09	6,06E-01	2,73E-05	1,02E-11	1,33844E-11	1,36704E-11	m/s
t_x	8,09E-09	6,68E-35	7,35E-22	1,41E-02	6,20721E-03	5,82580E-03	S
Neutrino	as	at	ast	hubble 1	hubble 2	hubble 3	
m_x	2,9287E-37	2,928703E-37	2,9287E-37	2,928E-37	2,9287E-37	2,9287E-37	Kg
a_x	3,43E-37	1,190917E+22	6,39E-08	7,21E-10	2,16E-09	2,35E-09	m/s²

	as	at	ast	hubble 1	hubble 2	hubble 3	
Y	6,67E-11	6,67E-11	6,67E-11	6,67E-11	6,67E-11	6,67E-11	m³/kg s²
v_x	1,61E-21	6,946036E-07	3,3453E-14	1,089E-14	1,43282E-14	1,46343E-14	m/s
t_x	4,69E+15	5,83E-29	5,23E-07	1,5111E-05	6,64491E-06	6,23661E-06	S
Elektron	as	at	ast	hubble 1	hubble 2	hubble 3	
m_x	9,1094E-31	9,1094E-31	9,1094E-31	9,1094E-31	9,1094E-31	9,1094E-31	Kg
a_x	1,03E-17	3,7042E+28	6,19E+05	7,21E-10	2,16E-09	2,35E-09	m/s²
Y	6,67E-11	6,67E-11	6,67E-11	6,67E-11	6,67E-11	6,67E-11	m³/kg s²
v_x	5,0057E-15	1,2250E-03	2,4763E-09	4,5757E-13	6,01722E-13	6,14577E-13	m/s
t_x	4,8471E+02	3,3071E-32	4,0037E-15	6,3463E-04	2,79057E-04	2,61910E-04	S
Quarkmasse	as	at	ast	hubble 1	hubble 2	hubble 3	
m_x	1,62E-29	1,62E-29	1,62E-29	1,62E-29	1,62E-29	1,62E-29	Kg
a_x	5,83E-14	6,60E+29	3,85E+16	7,21E-10	2,16E-09	2,35E-09	m/s²
Y	6,67E-11	6,67E-11	6,67E-11	6,67E-11	6,67E-11	6,67E-11	m³/kg s²
v_x	8,91E-14	5,17E-03	2,54E-06	9,40E-13	1,23610E-12	1,26250E-12	m/s
t_x	1,53E+00	7,84E-33	6,60E-23	1,30E-03	5,73257E-04	5,38033E-04	S

Die **Tabelle 2.1** zeigt anhand der Protonenmasse die Bewegungszeit mit rund 10^{-3}s des Rot-Grünbildes. Mit der Planckmasse und der Planckbeschleunigung ergibt sich mit der gezeigten Formel (c=(may)^0,25) die Lichtgeschwindigkeit. Die Tabelle **2.2** zeigt ebenso die Zeit 10^{-3}s mit der zugehörigen Fläche von 10^{-50}m² (Tabelle 3 letzte Zeile). Mit der Planckfläche ergibt sich die Lichtgeschwindigkeit (c=hy/c²A). Mit der Tabelle 3 ergibt sich mit der Masse 10^{-47}kg (Tabelle 1 Spalte m) ebenso die Lichtgeschwindigkeit v=(E/p).

Tabelle 2.1

	a	M	F	G	V	T
$v = (Gma)^{0,25}$		$v = (GF)^{0,25}$		mit $F_{pl} = c$		
ah-10	7,21E-10	1,672E-27	1,205E-36	6,67E-11	2,99E-12	4,154E-03
ah-9	2,16E-09	1,672E-27	3,61E-36	6,67E-11	3,9388E-12	1,826E-03
ah-9	2,35E-09	1,672E-27	3,92E-36	6,67E-11	4,0230E-12	1,714E-03

Tabelle   2.2

G	h	c²	A	I	v	T
$v\ (c) = Gh/c^2A$						
6,67E-11	6,62607E-34	8,98755E+16	5,35E-50	2,31E-25	9,20E-12	2,51E-14
6,67E-11	6,62607E-34	8,98755E+16	1,64E-69	4,051E-35	3,00E+08	1,351E-43

Tabelle   2.3.

M	c²	E	M	c	p	V
$v\ (c) = E/p$						
1,57E-66	8,98755E+16	1,41E-49	5,13E-47	299792458	1,54E-38	9,19E-12
1,57E-66	8,98755E+16	1,41E-49	1,57E-66	299792458	4,71E-58	3,00E+08

Zu Tabelle 3

Die Tabelle zeigt verschiedene Maßstabsgrößen von Proton und zugehörigem Kleinteil. Die dafür zur Berechnung notwendigen Längenformeln sind in der letzten Spalte aufgeführt.

	Proton	Kleinteil	Formel
1			
2	1,321410E-15	1,405812E+24	h/mc
3	1,348966E-02	1,000E+63	$(h^4/m^5yc^2)^{1/3}$
4	1,405812E+24	1,692765E+141	h^2/ym^3
5	1,2945E-28	1,3214E-15	$(h^2y/c^4m)^{1/3}$
6	1,242075E-54	1,167503E-93	my/c^2
7	4,310051E+04	4,878226E+82	$(h^3/(m^4yc))^{1/2}$
8	1,267977E-41	1,242075E-54	$(hy^2m/c^5)^{1/3}$
9	2,313743E-25	7,546750E-06	$(h^3y/m^2c^5)^{1/4}$